AF400064

L'éther quantique d'Albert

Robert J.

L'éther quantique d'Albert

En 1920, Einstein a rétablit l'éther, mais lui a interdit l'immobilité pour respecter le principe de relativité. L'immobilité lui avait été imposé au XIXe siècle par erreur. Comme tous les supports d'ondes, l'éther est constitué de particule que nous supposons de la taille du quantum d'action de Max Planck.

À ma mère
A Einstein

Introduction

Notre objectif est de vous exposer les passages des écrits d'Albert Einstein qui demandent une réflexion particulière, au sujet de la relation entre la relativité et l'éther. Éther d'abord rejeté, puis rétablit après la publication de la relativité générale, et qui ne figure dans aucun article récent. L'examen des écrits d'Albert Einstein sur ce sujet nous a amené à une hypothèse simple, qui utilise la relativité générale sans en changer une virgule et susceptible de valider sa vision de l'éther.

Et puis récemment, nous nous sommes rendu compte qu'une théorie audacieuse, la gravitation quantique à boucles, pourrait peut-être être concernée par notre approche. Nous n'avons hélas pas la capacité de l'affirmer mais les spécialistes de haut niveau de cette théorie seront peut-être intéressés par une des expériences que nous proposons à la fin de ce livre, dont la lecture pourrait les amuser tant la distance est grande entre la relativité restreinte d'Albert Einstein que nous détaillons un petit peu, et leurs recherches actuelles.

La relativité générale est magnifique, il est vrai aussi qu'elle n'est pas à la porter de tout le monde. Néanmoins cela n'interdit pas d'en comprendre les généralités. Ici il n'est absolument pas question de la remettre en cause, au contraire, il s'agit de la renforcer. La science est un domaine où les remises en question sont permanentes. Albert

Einstein l'avait lui-même reconnu en glorifiant la mathématique, seule science où quand un théorème est démontré de façon rigoureuse, et admis par la communauté des mathématiciens, ne sera plus jamais remis en cause.

La lecture de la première partie de l'article de 1905 fondateur de la relativité dite restreinte, est très instructive. Elle permet de comprendre pourquoi cet article a été si violemment contesté alors que les trois autres de 1905 n'ont posé aucun problème. Le rejet du support des ondes électromagnétiques dont fait partie la lumière, qui conduit à croire que des ondes peuvent se déplacer sans support était inacceptable à cette époque. Einstein avait bien, dans l'article précédent sur l'effet photo électrique, remplacé l'onde par un corpuscule comme celui de Newton, qui sera appelée photon, mais il avait dû conserver la fréquence de l'onde pour calculer son énergie. De nos jours, on a d'ailleurs remplacé le mot photon par « paquet d'onde », mieux adapté à la mécanique quantique.

Nous verrons plus loin qu'en plus du scandale de supprimer l'éther, Einstein avait admis lui-même dès l'introduction de son article, que ses deux postulats fondamentaux étaient critiquables. Si plus tard Einstein n'avait pas démontré la fameuse équation $E = mc^2$ et ensuite publié la relativité générale qui a beaucoup impressionné, sa célébrité aurait été importante, certes, mais un peu moins.

Nous aborderons aussi les réflexions d'Albert Einstein qui l'on conduit à rétablir l'éther. Peu de gens le savent, mais Albert Einstein a admis qu'un médium replissant tout l'univers était indispensable pour la propagation des ondes gravitationnelles et pour expliquer les déformations de son espace-temps.

Il l'a exposé dans son discours à l'université de Leyde en 1920 et a publié ce discours sous le titre « L'éther et la théorie de la relativité » en 1921[1].

C'est de tout cela dont nous allons vous parler et de la façon dont Einstein imagine le nouvel éther qu'il emprunte à Hendrik Lorentz et auquel il retire l'immobilité absolu qui était impossible dans le cadre de la relativité générale. Le problème est que si Einstein a pu interdire l'immobilité au médium remplissant l'univers, il n'a pas pu en revanche expliquer quel pouvait-être son mouvement. Ce point a nui à l'idée qu'on pouvait se faire de l'éther au moment où la relativité générale triomphait et ou des physiciens se rangeaient progressivement à l'idée de l'absence de l'éther.

Quand Dayton Miller réalisera des expériences en 1925 qui démontreront un vent d'éther de 8 km/heure, Einstein ne pourra admettre non pas que l'éther n'existe pas mais qu'il soit en mouvement par rapport à la Terre. Il refusera les résultats. Par la suite aucune expérience ne pourra les confirmer.

Absurde direz-vous, la Terre n'est pas le centre de l'univers, de plus Einstein a admis l'existence de l'éther sous la pression des physiciens de l'époque. C'est effectivement probable, mais les arguments d'Einstein en faveur de l'éther sont sérieux et il n'emploi pas le conditionnel contrairement à ce qu'on a voulu nous faire croire. Pourquoi déformer les écrits d'Einstein ? Ce n'est pas très scientifique.

L'éther n'est pas un référentiel absolu. Nous comprenons la difficulté à l'admettre, surtout si on n'y croit pas. Ceux qui parlent d'éther sont tournés en dérision. Il est vrai que des élucubrations les plus fantaisistes ont étés utilisées à son sujet. Cela justifie t'il de refuser à imaginer qu'un médium remplir le vide ? Vide que les physiciens disent rempli d'une énergie gigantesque sous forme d'ondes, de particules virtuelles, de matière noire invisible en grande quantité dans les galaxies et d'énergie sombre tout autant invisible dans tout l'univers.

La position de la physique à la fin du XIXe siècle

James Clerk Maxwell a publié les équations de l'électromagnétisme en 1865. Sur la base de ces équations, il a prédit l'existence d'ondes associées à des champs électromagnétiques. Il a calculé leur vitesse à partir de la permittivité ε (loi de Coulomb) et de la constante magnétique μ (théorème d'Ampère) du milieu étudié. Dans le vide, ces données ont un indice "0". La loi de Coulomb et le théorème d'Ampère permettent de les calculer en mesurant les effets produits. Voici l'équation que Maxwell a utilisée[2] :

$$c_0 = \frac{1}{\sqrt{\varepsilon_0 . \mu_0}}$$

Vous remarquerez au passage que ce qu'on appelle le vide a des propriétés physiques, une permittivité et une constante magnétique, qui ne sont pas nulles. S'ils étaient nuls, la vitesse trouvée serait égale à l'infini et on pourrait parler d'un vide absolu.

Les ondes ont besoin d'un milieu pour se propager. Ce support sera appelé l'éther luminifère. Les connaissances sur l'univers au XIXe siècle étaient encore très limitées. Ils ne savaient rien des galaxies, ils imaginaient les étoiles fixes. La Terre n'était pas le centre de l'univers, elle tournait avec les planètes autour du Soleil lui-même étoile fixe.

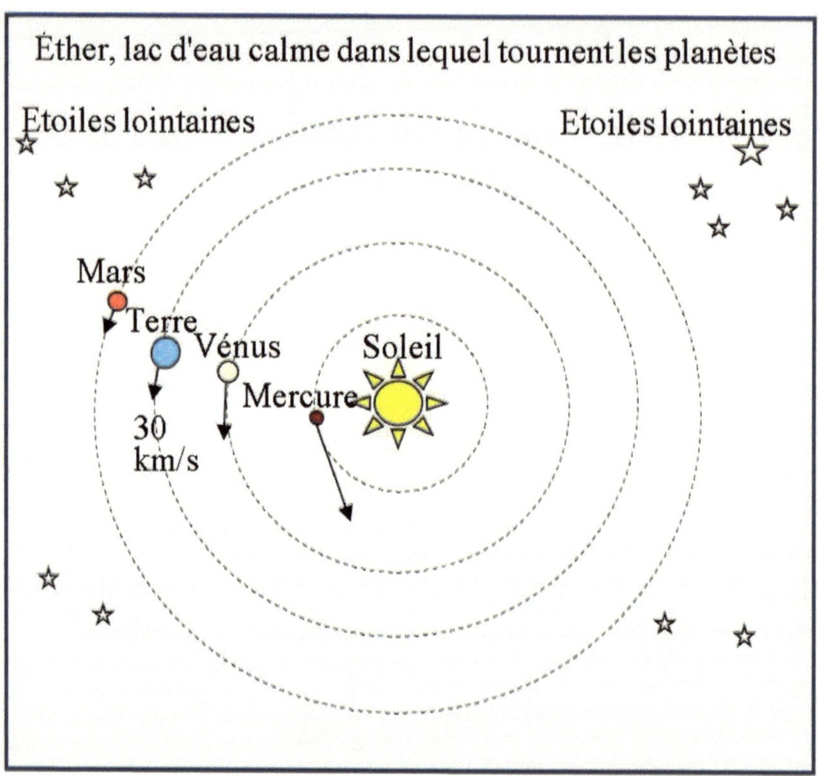

Figure 1. Vision de l'éther au XIXe siècle.

Cette représentation était fausse et vouée à l'échec. Ce n'était pas plus compliqué que ça. Les expériences de Michelson et Morley ne pouvaient aboutir. À défaut elles nous ont légué l'interféromètre et sa prodigieuse précision qui de nos jours détecte les ondes gravitationnelles.

Les Précurseurs

Oliver Heaviside

Oliver Heaviside réduit les 20 équations de Maxwell à 4. Il étudie le champ électrostatique sphérique d'un corps qui se contracte avec la vitesse en ellipsoïde : l'ellipsoïde d'Heaviside.

George Frederick Charles Searle poursuivra les travaux et trouvera le facteur de contraction de l'ellipsoïde :

$$\sqrt{1 - v^2/c^2}$$

Woldemar Voigt

Il développe une théorie avec un éther lumineux et publie en 1903 des formules qui ressemblent aux transformations de Lorentz.

LES TRANSFORMATIONS DE LORENTZ-POINCARÉ

Pour compenser le fait que la vitesse de la Terre n'est pas additive avec celle de la lumière, Lorentz va considérer que la matière se contracte avec la vitesse dans le sens du mouvement comme le champ électrique. Cette contraction annule la loi d'additivité des vitesses. Les formules seront finalisées par Henri Poincaré.

$$\begin{cases} \Delta t' = \dfrac{\Delta t - v\Delta x/c^2}{\sqrt{1-v^2/c^2}} \\[2mm] \Delta x' = \dfrac{\Delta x - v\Delta t}{\sqrt{1-v^2/c^2}} \\[2mm] \Delta y' = \Delta y \\[2mm] \Delta z' = \Delta z \end{cases} \quad \text{en posant } \beta = \dfrac{v}{c} \quad \text{et } \gamma = \dfrac{1}{\sqrt{1-\beta^2}} \quad \text{on obtient} \quad \begin{cases} c\Delta t' = \gamma\,(c\Delta t - \beta\Delta x) \\[2mm] \Delta x' = \gamma\,(\Delta x - \beta c\Delta t) \\[2mm] \Delta y' = \Delta y \\[2mm] \Delta z' = \Delta z \end{cases}$$

En juin 1905, Poincaré prouve l'invariance de forme des équations de Maxwell-Lorentz sous les transformations de Lorentz. Cette invariance exacte montre que « l'ensemble de toutes ces transformations, joint à l'ensemble des toutes les rotations de l'espace, doit former un groupe. »

Il en déduit que la « propagation de la gravitation n'est pas instantanée, mais se fait à la vitesse de la lumière » ; il parle d'onde gravifique, et montre que les modifications à la loi de Newton sont d'ordre v^2/c^2.

Il suggère de considérer (x, y, z, it) comme un point dans un « espace à 4 dimensions » : « Nous voyons que la transformation de Lorentz n'est qu'une rotation de cet espace autour de l'origine, regardée comme fixe. »

Minkowski a étudié en détail les travaux de Poincaré, omet de le citer dans sa célèbre conférence sur « Raum und Zeit » de Septembre 1908

Poincaré fait une conférence le 4 mai 1912 à l'Université de Londres. « Tout se passe comme si le temps était une quatrième dimension de l'espace ; et comme si l'espace à quatre dimensions résultant de la combinaison de l'espace ordinaire et du temps pouvait tourner non seulement autour d'un axe de l'espace ordinaire, de façon que le temps ne soit pas altéré, mais autour d'un axe quelconque. Pour que la comparaison soit mathématiquement juste, il faudrait attribuer des valeurs purement imaginaires à cette quatrième coordonnée de l'espace ; les quatre coordonnées d'un point de notre nouvel espace ne seraient pas x, y, z et t, mais x, y, z et it. »

Source : Thibault Damour, Poincaré et la théorie de la Relativité Académie des sciences 6 novembre 2012[3]

De l'électrodynamique des corps en mouvement

La relativité d'Einstein est toujours présentée en utilisant les transformations de Lorentz-Poincaré. Effectivement, Poincaré à démontré l'invariance de forme des équations de Maxwell-Lorentz sous les transformations de Lorentz et a démontré qu'elles forment un groupe.

Nous allons aborder la façon dont Albert Einstein procède pour trouver ses propres transformations qui aboutissent au même résultant que Lorentz. Einstein n'utilise pas l'éther ni la contraction de l'espace avec la vitesse mais pose deux postulats qu'il va utiliser pour sa démonstration.

Nous limitons notre étude à la partie cinématique.[4]

.

Avant même d'appliquer le principe de relativité, Einstein admet qu'il contredit les équations de Maxwell. Pour les phénomènes d'induction, il y a deux équations distinctes selon que c'est l'aimant ou la bobine qui reste immobile dans le référentiel de l'observateur, (le repère du laboratoire).Voici ce qu'il écrit :

« On sait que si on applique l'électrodynamique de Maxwell, telle qu'on la comprend aujourd'hui, à des corps en mouvement, on arrivera à une dissymétrie qui ne concorde pas avec les phéno-

mènes observés. Analysons, par exemple, l'influence mutuelle d'un aimant et d'un conducteur. Le phénomène observé dans ce cas dépend uniquement du mouvement relatif du conducteur et de l'aimant, tandis que d'après les idées habituelles il faut distinguer les cas où l'un ou l'autre des corps est en mouvement. »

« Dans le texte qui suit, nous élevons cette hypothèse au rang de postulat (que nous appellerons plus tard le « principe de relativité ») et introduisons un autre postulat - à première vue incompatible avec le premier - que la lumière se propage dans le vide, avec une vitesse V, indépendante de l'état de mouvement du corps rayonnant. »

Einstein fonde toute sa théorie sur ces deux postulats. Tout en admettant que le premier postulat contredit les équations de Maxwell et que le second postulat est : « apparemment [...] incompatible avec le premier ».

Son argument concernant les équations de Maxwell se base sur le fait que les observations lui donnent raison, on ne distingue pas de différence. Mais en fait nous ne sommes pas capables de détecter des écarts infinitésimaux vu que les vitesses de déplacements sont presque négligeables par rapport à la vitesse des ondes électromagnétique de 300 millions de m/s.

Revenons à l'argument « la lumière se propage dans le vide, à une vitesse V indépendante de l'état de mouvement du corps émetteur ». C'est une caractéristique des ondes. La vitesse d'une onde ne dépend pas de la vitesse de l'objet qui l'a produite mais des caractéristiques physiques du milieu dans lequel elle se propage.

Il en est de même pour les ondes sonores dans l'air, la vitesse du son ne s'additionne pas avec la vitesse de l'objet qui le produit. Un avion peut dépasser son propre son en volant plus vite et pourtant cela ne fait pas de la vitesse du son une constante universelle, la même dans tous les référentiels en mouvement.

§ 1. Définition de la simultanéité

« Nous devons prendre en considération le fait que nos conceptions, où le temps joue un rôle, portent toujours sur des évènements simultanés. Par exemple, si nous disons "qu'un train arrive ici à 7 heures", cela signifie "que la petite aiguille de ma montre qui pointe exactement le 7 et que l'arrivée du train sont des évènements simultanés". »

Voilà une excellente définition de la simultanéité. Lorsque tout se passe au même endroit, tout est simple. Il n'en va pas de même lorsque les points sont en mouvement les uns par rapport aux autres ou par rapport à un observateur éloigné. Si je suis placé à l'autre extrémité du quai, et si en plus je m'éloigne, il s'écoulera un certain temps entre le moment où le train entre en gare et le moment où je le verrai, le temps que la lumière de l'événement arrive jusqu'à moi.

Einstein propose une méthode de contrôle de la synchronisation des horloges

« Si un observateur est placé en *A* [...] Sans conventions préalables, il est impossible de comparer chronologiquement les évènements en B aux évènements en A. Nous avons jusqu'à maintenant un "temps A" et un "temps B", mais aucun "temps" commun à A et B. Ce dernier temps (c'est-à-dire le temps commun) peut être défini, si nous posons par définition que le "temps" requis par la lumière pour aller de A à B est équivalent au "temps" pris par la lumière pour aller de B à A.

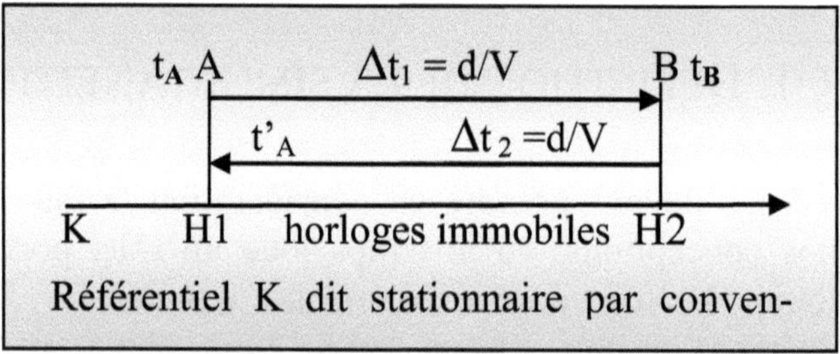

Figure 2. Synchronisation des horloges.

$$t_B - t_A = t'_A - t_B$$

« En accord avec expérience, nous ferons donc l'hypothèse que la grandeur

$$\frac{2\overline{AB}}{t'_A - t_A} = V,$$

est une constante universelle (la vitesse de la lumière dans l'espace vide). Nous venons de définir le temps à l'aide d'une horloge au repos dans un système stationnaire. Puisqu'il existe en propre dans un système stationnaire, nous appelons le temps ainsi défini "temps du système stationnaire" »

§2 SUR LA RELATIVITÉ DES LONGUEURS ET DES TEMPS

Pour chaque rayon lumineux qui se déplace dans un système de coordonnées « stationnaire » la vitesse est indépendante du fait que ce rayon lumineux soit émis par un

$$\text{vitesse} = \frac{\text{Trajet de la lumiere}}{\text{Intervalle de temps}},$$

corps au repos ou en mouvement. Donc,

« Soit une tige rigide au repos ; elle est d'une longueur L quand elle est mesurée par une règle au repos. Quelle est la longueur de la tige en mouvement ? »

Nous voici arrivé au point important, la façon dont Einstein observe un référentiel k en mouvement depuis un autre, K dit stationnaire par convention.

« a)   L'observateur pourvu de la règle à mesurer se déplace avec la tige à mesurer et mesure sa longueur en superposant la règle sur la tige, comme si l'observateur, la règle à mesurer et la tige étaient au repos.

Selon le principe de relativité, la longueur trouvée par l'opération a), que nous appelons la « longueur de la tige dans le système en mouvement », est égale à la longueur L de la tige dans le système stationnaire.

$$\frac{2\overline{AB}}{t'_A - t_A} = V,$$

Dont on déduit 2L = (t'$_A$ - t$_A$) V Ce référentiel sera appelé k dans ce qui suit. Le principe de la relativité du mouvement dit que le mouvement inertiel ne modifie pas les lois de la physique.

b)   L'observateur détermine à quels points du système stationnaire (Que nous appellerons K) se trouvent les extrémités de la tige *[en mouvement à la vitesse v (dans k)]* à mesurer au temps t, se servant des horloges placées dans le système stationnaire (les horloges étant synchronisées comme décrit au § 1). La distance entre ces deux points, mesurée par la même règle à mesurer quand elle était au repos, est aussi une longueur, que nous appelons la "longueur de la tige". »

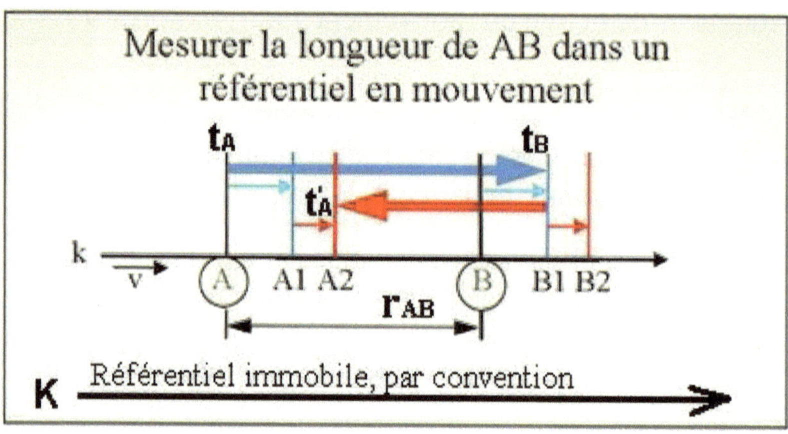

Figure 2.1. Tige vue dans un référentiel en mouvement.

La longueur r_{AB} de la règle qui se trouve dans le référentiel k en mouvement à la vitesse v suivant l'axe des x. À l'aller, vu depuis le référentiel immobile K, le point B s'éloigne à la vitesse v.

$$t_B - t_A = \frac{r_{AB}}{V - v}$$

Au retour le point A se rapproche à la vitesse v

$$t'_A - t_B = \frac{r_{AB}}{V + v}$$

Einstein conclut que les horloges de k ne sont pas synchronisées, vues du référentiel K.

L mesuré = ½ (L1 + L2) = ½ $\big((t_B - t_A)(V-v) + (t'_A - t_{B)}(V+v)\big)$

Selon Albert Einstein, dans k tout se passe comme dans K, c'est le PRINCIPE DE RELATIVITE, on ne peut savoir si on est en mouvement ou si ce sont les autres qui se déplacent. Cela donne la bonne réponse au paradoxe des jumeaux qui a omis de parler des phases d'accélération. Dans la phase du mouvement uniforme, chaque jumeau dans son temps propre a vieilli de la même façon et ils ont le même âge à leur retour. Einstein avait précisé que le voyageur était moins âgé du fait des accélérations qui comme la gravitation ralentissent l'écoulement du temps.

§ 3. Théorie de la transformation des coordonnées

Albert Einstein va transférer les dimensions de l'espace et l'échelle de temps du référentiel k vu par K, dans le référentiel K. C'est un peu difficile à suivre pour les non physiciens ou mathématiciens.

Considérons un système K dit stationnaire de coordonnées x, y, z et t pour le temps et un système k de coordonnées ξ, η, ζ et τ qui se déplace parallèlement à K le long de l'axe des x à la vitesse v. Nous imaginons maintenant l'espace à mesurer à partir du système stationnaire K au moyen de la règle de mesure fixe, par rapport à celle située dans k. On obtient les coordonnées x, y, z et t, dans K et ξ, η, ζ et τ dans k.

Plaçons un point ξ' dans k qui se déplace à une vitesse telle que $\xi' = \xi_0 - v\tau$. La projection de ce point sur K est en x' et ce point est immobile dans K.

Le point A de la règle AB de k est placé à l'origine de k. Depuis l'origine du système k,

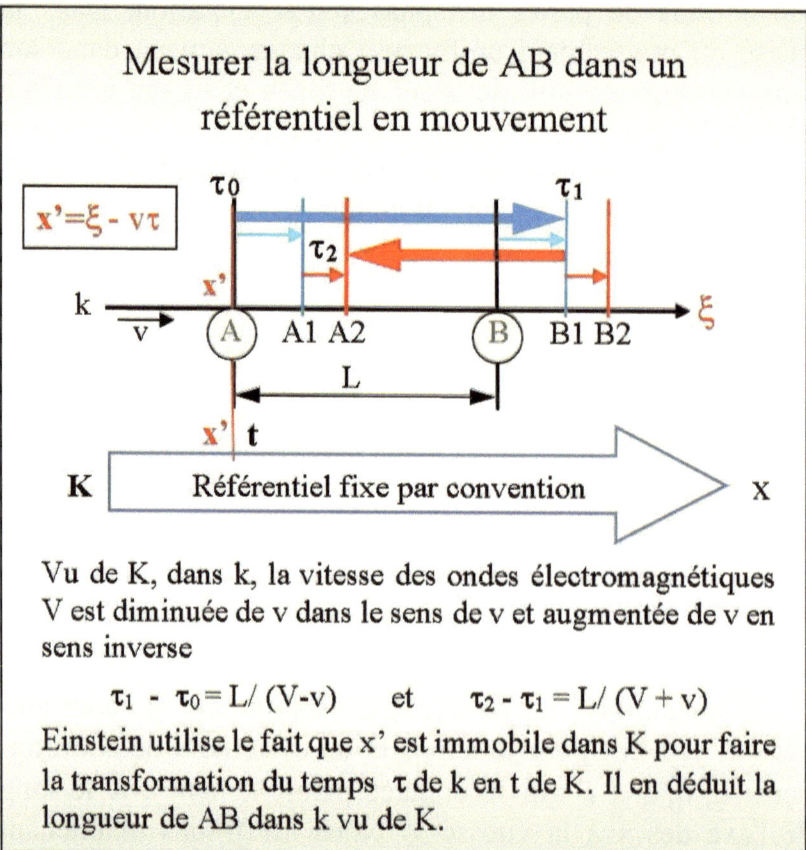

Vu de K, dans k, la vitesse des ondes électromagnétiques V est diminuée de v dans le sens de v et augmentée de v en sens inverse

$$\tau_1 - \tau_0 = L/(V-v) \qquad \text{et} \qquad \tau_2 - \tau_1 = L/(V+v)$$

Einstein utilise le fait que x' est immobile dans K pour faire la transformation du temps τ de k en t de K. Il en déduit la longueur de AB dans k vu de K.

Figure 3. Mesure de la longueur d'une tige dans un référentiel en mouvement par rapport au référentiel de l'observateur.

Einstein écrit :

Un rayon est émis au temps $\boldsymbol{\tau_0}$ le long de l'axe X vers x', et au temps τ_1 réfléchi de là vers l'origine des coordonnées, y arrivant au temps τ_2 ; on doit alors avoir dans k

$$\frac{1}{2}(\tau_0 + \tau_2) = \tau_1.$$

Il continue :

« Si nous introduisons comme condition que τ est une fonction des coordonnées, et appliquons le principe de la constance de la vitesse de la lumière dans le système stationnaire, nous avons » (quadrivecteurs x,y,z,t pour chaque point x,y,z au temps t)

$$\frac{1}{2}\left[\tau(0,0,0,t) + \tau\left(0,0,0\left\{t + \frac{x'}{V-v} + \frac{x'}{V+v}\right\}\right)\right] = \tau\left(x',0,0,t + \frac{x'}{V-v}\right)$$

« Lorsque x' est infiniment petit, on obtient :

$$\frac{1}{2}\left(\frac{1}{V-v} + \frac{1}{V+v}\right)\frac{\partial\tau}{\partial t} = \frac{\partial\tau}{\partial x'} + \frac{1}{V-v}\frac{\partial\tau}{\partial t} \text{ »}$$

$$\frac{\partial\tau}{\partial x'} + \frac{v}{V^2 - v^2}\frac{\partial\tau}{\partial t} = 0.$$

Pour la suite, vous pouvez vous référer à l'article d'Einstein. Il s'agit des développements mathématiques de cette équation, qui conduisent aux mêmes résultats que les transformations de Lorentz-Poincaré.

Nous avons pris le temps de détailler le raisonnement d'Einstein. Habituellement, les explications se limitent à l'expérience de Michelson-Morley et aux transformations de Lorentz – Poincaré. C'est compréhensible, elles sont plus faciles à expliquer, à part les développements complémentaires de Poincaré.

Nous avons essayé de rendre les choses aussi claires que possible. L'absence de schéma dans l'article rend sa compréhension plus délicate.

Relativité générale

La relativité générale est le chef d'œuvre d'Albert Einstein. Il dit avoir eu l'idée « la plus heureuse de sa vie »[5] en 1907, lorsqu'il se rend compte qu'en chute libre, on ne sent pas son propre poids, qu'on ne se sent soumis à aucune force, comme si l'on flottait dans le vide et les objets qui tombent avec nous sont immobiles par rapport à nous.

Il en déduit qu'aucune expérience de physique réalisée dans un référentiel en chute libre dans un champ gravitationnel ne peut permettre de distinguer cet état de celui d'un référentiel inertiel loin de tout champ gravitationnel. Cela fait de la chute libre l'équivalent d'un référentiel inertiel tel que ceux de la relativité restreinte. À partir de là, il généralise la notion de relativité.

Vous noterez qu'en chute libre, sans repère extérieur, on a l'impression comme lors d'un déplacement en ligne droite à vitesse constante, d'être immobile, alors que de l'extérieur on est vu en accélération sur une ligne courbe. Einstein se place toujours dans la position de l'observateur. Vu de la Terre, nous voyons les corps célestes tourner autour de nous.

Les espaces courbes conduisent à des équations complexes, Einstein a été aidé dans son travail par son ami mathématicien Marcel Grossmann. Il a donné à Einstein les outils de géométries non euclidiennes pour maîtriser les tenseurs, essentiels à la formulation de cette théorie. Ils ont rédigé ensemble l'un des premiers, article sur la relativité générale.

À l'été 1915, le mathématicien David Hilbert demanda à Einstein de venir à Göttingen pour lui présenter la relativité générale. Ces conférences permirent à Hilbert de comprendre si bien le problème que le 15 juillet 1915, Einstein écrivit à Arnold Sommerfeld :

« A Göttingen, j'ai eu la grande joie de voir tout compris et même en détail. Je suis très enthousiaste à propos de Hilbert. Un grand homme ! »[6]

Einstein a présenté sa théorie le 25 novembre 1915 à l'académie de Berlin. Le 20 ou le 23 novembre 1915, Hilbert avait également présenté une théorie à la Mathematische Gesellschaft de Göttingen. Les équations du champ gravitationnel de ces deux théories étaient très similaires. Hilbert avait ajouté deux axiomes très ambitieux, une loi d'évolution physique déterminée par la fonction mondiale H qui devait être invariante aux transformations de paramètres.

Un temps, il y a eu débat pour savoir qui avait trouvé le premier. Hilbert n'a pas revendiqué la paternité de l'équation. Sans les présentations d'Einstein, qui travaillait sur la question depuis sept ans, il n'aurait pas eu l'occasion de s'y intéresser. Cela rappel la relation entre Lorentz et Poincaré.

Ondes gravitationnelles

En 1916, Einstein, n'ayant pas trouvé le graviton, se rend compte que ses ondes gravitationnelles[7] doivent se déplacer dans un espace non vide. Il laisse également entendre que son espace-temps qui se déforme a besoin de quelque chose pour transporter les actions de déformation. Les forces de Newton agissaient instantanément à distance dans le vide, la courbure de l'espace se déplace à la vitesse de la lumière mais si c'est dans le vide quel est le phénomène qui produit cette courbure ? Il faut que de l'énergie soit transportée. L'énergie des ondes est transportée par le support dans lequel elles se propagent, support qui transmet les vibrations de proche en proche sans transport de matière, laquelle retourne à son point d'équilibre après avoir bousculé ses voisines.

Sous l'influence de Lorentz et du physicien allemand Philipp Lenard, Einstein réalisa la possibilité d'introduire un nouveau concept d'éther. L'état de ce « nouvel éther » déterminerait le mouvement des objets physiques, dont le comportement métrique serait décrit par le tenseur $g_{\mu\nu}$ de son équation (le tenseur de courbure de l'espace). Cependant, il estime que ces idées ne sont pas très claires.

Le « nouvel éther » ne peut être rigide ni au repos, c'est notre Premier indice

Discours de Réception d'Einstein à l'Université de Leyde, 1920

Dans ce discours, Einstein accepte l'éther de Lorentz, sauf pour une chose - son immobilité. La relativité restreinte élimine cette dernière propriété mécanique de l'éther.

> *« Le principe de relativité restreinte n'implique pas de nier l'existence de l'éther, mais nous ne devons pas lui attribuer un état de mouvement. L'éther de Mach est conditionné par les masses. L'état de l'éther relativiste est entièrement déterminé en chaque point par son interaction locale avec la matière. »*

« Interaction avec la matière » est notre deuxième indice sachant qu'en matière de gravitation la matière et l'énergie réagissent avec la matière.

La conclusion de l'énoncé sur l'éther est la suivante :

> *« En résumé, nous pouvons dire : selon la théorie de la relativité générale, l'espace est doté de propriétés physiques ; donc, dans ce sens, l'éther existe. Selon la théorie de la relativité générale, l'espace sans éther est impensable, car il serait non seulement impossible à la lumière de s'y propager, mais il n'y aurait même pas la possibilité de l'existence de règles et d'horloges, et, par*

conséquent, de l'espace- distances temporelles en elle. le sens de la physique. Cependant, cet éther ne doit pas être compris comme doté d'une propriété qui caractérise les milieux pesants, c'est-à-dire constitués de parties pouvant être suivies dans le temps : la notion de mouvement ne peut lui être appliquée. »

Ce discours sera publié en 1921[8]

Ce qu'Albert Einstein appelle l'espace dans sa théorie générale de la relativité pourrait-il être l'éther lui-même ? Ce qui se déforme en fonction des masses-énergie qu'il contient, n'est pas l'espace au sens usuel du terme, l'espace est le volume géométrique dans lequel les objets se déplacent. L'espace n'a pas de propriétés physiques, c'est simplement la description d'un volume dans lequel la matière et l'énergie peuvent évoluer. S'il y a déformation, alors c'est quelque chose qui est dans l'espace considéré, ce n'est pas "l'espace".

Dans sa conférence de vulgarisation scientifique de 2016, intitulée

« Ondes gravitationnelles et trous noirs »

Thibaut Damour, professeur de physique théorique à l'Institut de la recherche scientifique supérieure, compare l'espace à un bloc de gelée vibrant.

Figure 5. Thibaut Damour : l'espace est un morceau de gelée[9]

De nombreux indices suggèrent que l'espace n'est pas vide de tout. Des paires de particules de matière et d'antimatière en jaillissent, elles se désintègrent rapidement et retournent dans ce « vide », d'où elles sont sorties. Ce vide qui, nous le savons maintenant, contient une grande quantité d'énergie, l'énergie du vide, un oxymore stupéfiant !

Effet Casimir

Il y a aussi la pression exercée par le vide sur deux plaques très proches, c'est l'effet Casimir. En 1948, Hendrik Casimir a prédit, à partir des fluctuations quantiques du vide, que deux plaques très proches l'une de l'autre s'attireraient.

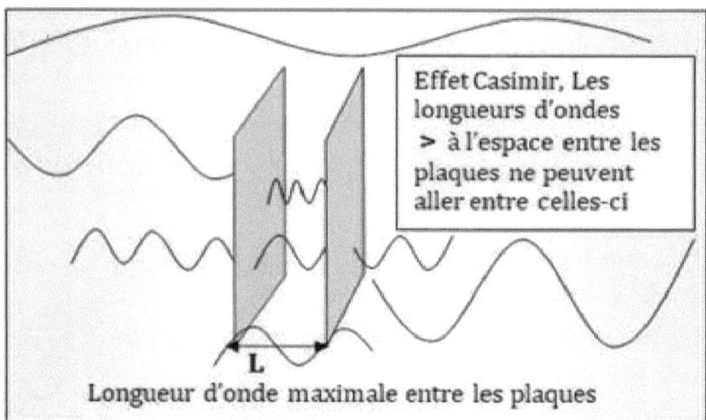

Figure 6. Effet Casimir[10]

L'effet Casimir provient de la pression de rayonnement, qui est plus forte sur les faces externes que sur les faces internes, où seules des longueurs d'onde égales ou multiples de la distance L peuvent être produites. Ce qui signifie que le sondes de longueur supérieure à L s'appliquent à l'extérieur des plaques sans contrepartie entre les deux plaques.

Effet Unruh

L'effet Unruh[11], décrit le rayonnement de corps noir visible par un observateur en mouvement uniformément accéléré. Il a été calculé en 1976 par William Unruh de l'université de la Colombie-Britannique, mais pour le moment il n'a jamais été observé.

Il est expliqué par les fluctuations du vide quantique. La fréquence des particules virtuelles se décale à la suite du déplacement accéléré de l'observateur, selon un mécanisme proche de l'effet Doppler. Il a fait suite à l'évaporation des trous noirs découverte par Stephen Hawking dont il partage l'analogie cinématique, le principe d'équivalence d'Einstein indique que les effets (locaux) d'un champ gravitationnel sont semblables aux effets d'une accélération uniforme.

Nouvelle hypothèse de l'éther

Albert Einstein reconnaît l'existence de l'éther de Lorentz, dont il supprime l'immobilité. L'éther doit accompagner la Terre dans son mouvement, ainsi que tous les repères de l'Univers. Impossible ?

Supposons simplement que l'éther, masse, énergie, ou les deux, obéissent aux lois de la gravitation.

En langage relativiste, nous dirons : « l'éther suit les géodésiques de l'espace-temps », et donc il accompagne la Terre le long de sa géodésique.de la même façon qu'il accompagne tous les corps en chute libre.

L'éther doit donc accompagner Mars, Vénus ou tout astre, étoile ou galaxie sur leur propre géodésique. Comme Galilée l'a expliqué, tous les corps tombent à la même vitesse quelle que soit leur masse. La masse presque infinitésimale de l'éther qui explique la difficulté à l'identifier n'empêche pas qu'il tombe à la même vitesse que n'importe quelle masse aussi importante soit-elle.

Albert Einstein à fait de la chute libre dans un champ gravitationnel un mouvement inertiel. L'éther accompagne tous les corps célestes dans leur mouvement.

Serait-ce si facile et aussi simple ?

Quand Albert Einstein déclare que la matière affecte l'éther et vice versa, cela est en plein accord avec notre hypothèse. La matière agit sur l'éther par la gravitation, et cette dernière accompagne les systèmes planétaires dans leur tourbillon autour de leur étoile, toujours grâce à la gravitation. L'étoile l'entraîne avec son système planétaire dans sa course autour de sa galaxie. La galaxie se déplace le long des grands fleuves galactiques, qui sont également des géodésiques et convergent vers de grands attracteurs.

Albert Einstein a raison, l'éther n'est pas immobile, il accompagne les corps célestes sur leurs trajectoires en chute libre dans les champs gravitationnels.

Les fragments d'une explosion se déplacent initialement le long de trajectoires accélérées par rapport à la chute libre. La relativité du mouvement n'est pas applicable. On peut supposer que l'effet Unruh les ralentit. Vraisemblablement, ils finissent en chute libre.

Après cette présentation, vous pourrez vous dire : « C'est trop simple, si c'était vrai, on l'aurait trouvé depuis longtemps. Certes, mais il est important de noter que toutes les explications ont été formulées par Albert Einstein lui-même. Sa réponse était dans sa propre théorie de la relativité générale. Notre travail fut laborieux et critiqué mais finalement simple, il suffisait de bien lire ce qu'écrivait Albert Einstein. Cette hypothèse lui appartient de droit.

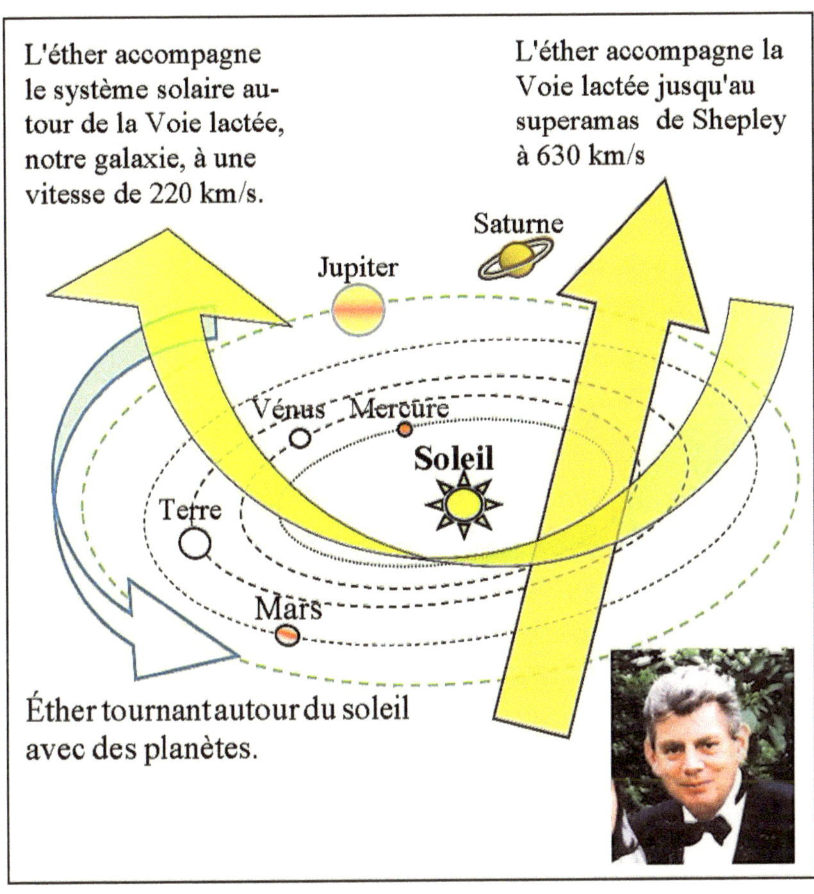

Figure 7. L'éther suit les courbes géodésiques de l'espace dans le temps.

Tout cela est bien, mais ce n'est qu'une hypothèse. Elle doit être testée. Qui pourrait refuser de tester une hypothèse basée sur la pensée d'Albert Einstein ?

Expériences à réaliser

Pour vérifier si l'éther accompagne la Terre, il suffit d'utiliser un référentiel se déplaçant à proximité de celle-ci avec une vitesse suffisamment élevée par rapport à elle, pour que le vent d'éther puisse être détecté. Il faut aussi que ce référentiel ne soit pas accompagné d'une masse importante susceptible d'entraîner l'éther environnant.

Reprenons les explications d'Einstein sur la relativité des longueurs et des temps des paragraphes 1, 2 et 3 de son chapitre « Cinématique »et remplaçons la tige rigide AB par deux satellites tournant dans le plan de l'écliptique à basse altitude et se déplaçant à une vitesse v par rapport à la Terre. Plaçons-nous au moment où la ligne reliant les deux satellites est parallèle à la trajectoire de la Terre autour du Soleil, c'est-à-dire à midi ou minuit à l'heure solaire. Si l'éther accompagne la Terre autour du Soleil, on détectera la différence de vitesses et donc la différence entre le temps mis par les ondes électromagnétiques pour aller de A à B et le temps nécessaire pour revenir de B à A. Ce sera vrai dans le référentiel de la Terre comme le prédit Einstein mais également dans celui des satellites. La vitesse de la lumière ne sera plus une constante universelle dans le référentiel des satellites, sauf dans chaque satellite à proximité de masses suffisamment importantes pour entrainer l'éther avec elles.

Si les satellites sont séparés d'une distance suffisamment grande, on peut espérer que la quantité d'éther qu'ils emporteront avec eux le long de leur géodésique sera limitée à leur environnement immédiat, et que sur la plus grande partie de la distance qui les sépare, l'éther sera stationnaire relativement à la terre.

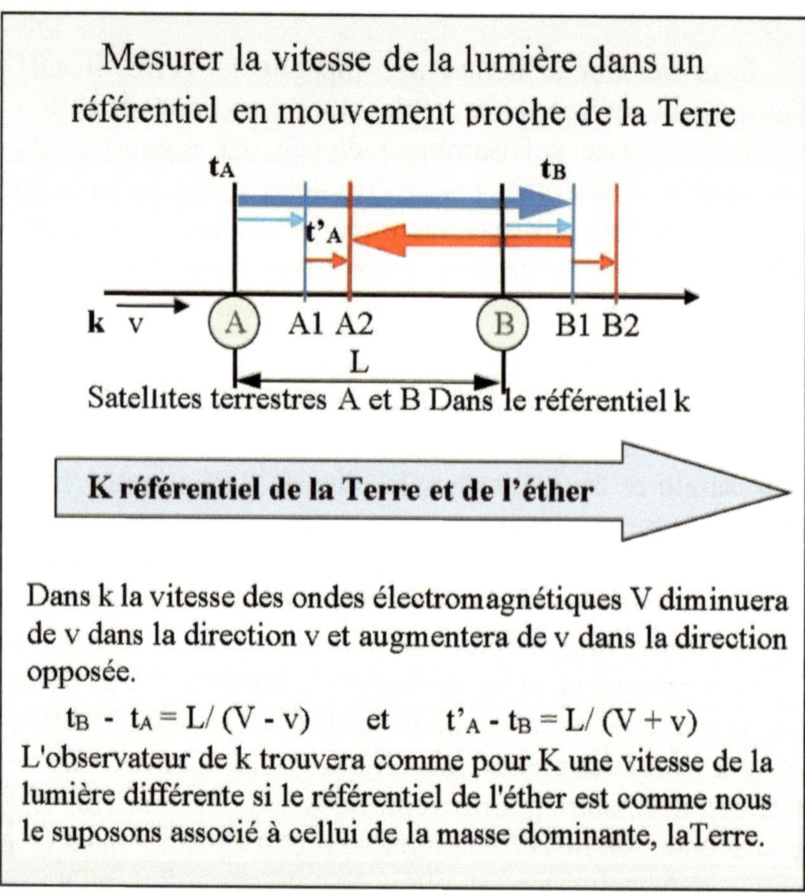

Figure 8. Mesure de la vitesse de la lumière

Dans ce schéma, la Terre est dans le référentiel K, supposé stationnaire. Le référentiel k est le système satellitaire ; il se déplace par rapport à K avec une vitesse v sans accompagner l'éther le long de sa géodésique.

1) Satellites en orbite basse

Deux nano satellites à basse altitude, dans le plan de l'écliptique, avec une vitesse d'environ 9 km/s, à une distance de 1000 km l'un de l'autre. Lorsqu'elles sont parallèles à la trajectoire de la Terre, l'écart de vitesse des ondes de A vers B, puis de B vers A doit être le plus important.

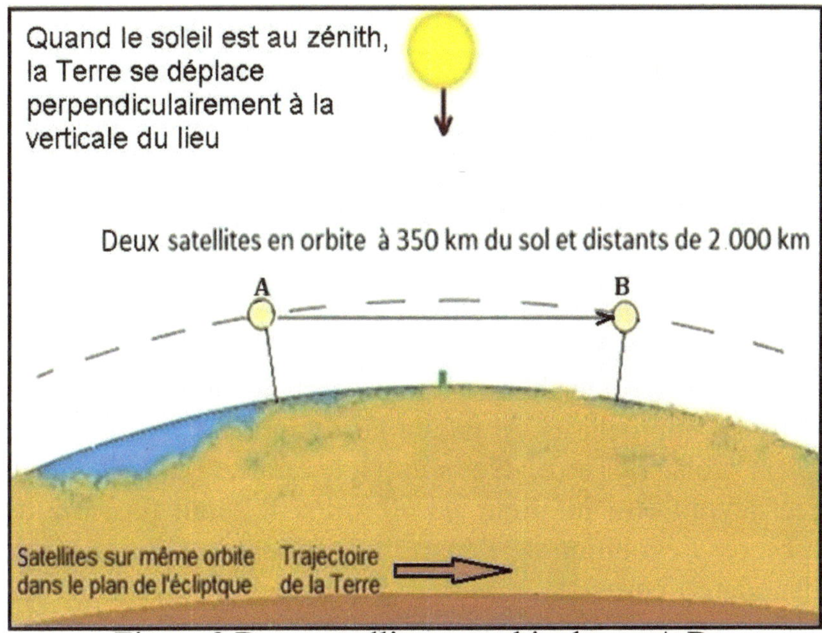

Figure 9 Deux satellites en orbite basse A B

Les horloges atomiques actuelles ont une précision suffisante pour détecter les écarts possibles. Il serait intéersssant d'explorer un peu plus l'environnement de la géodésique de la Terre autour du Soleil. L'expérience suivante serait très enrichissante mais aussi bien plus couteuse.

2)   Sonde tourne sur l'orbite terrestre dans le sens opposé

Figure 10. Sonde tournant autour de la Terre en sens opposé.

A proximité de la Terre la sonde se rapprochant, la vitesse de la lumière de la sonde à la Terre devrait dépasser la vitesse de référence de 60km/s écart de vitesse entre les deux en approche et de même au retour. Lorsque la sonde ayant croisé la Terre, elle s'en éloignerait, la vitesse mesurée devrait être inférieur de 60 km/s. Il serait possible de mesurer l'évolution de l'écart en fonction de l'éloignement des deux corps et mesurer d'éventuelles variations du « flux » d'éther accompagnant la Terre.

Ce serait l'expérience la plus convaincante.

3) *Le plus simple !*

Le plus simple est de profiter de l'arrivée d'une navette avec astronautes vers l'ISS ou de son départ. Lorsqu'elle est à une distance d'environ 1000 km et que la ligne la reliant à l'ISS est proche du parallèle du mouvement de la Terre, on mesure le temps de sortie et le temps de retour du signal électromagnétique de la navette vers l'ISS, et inversement.

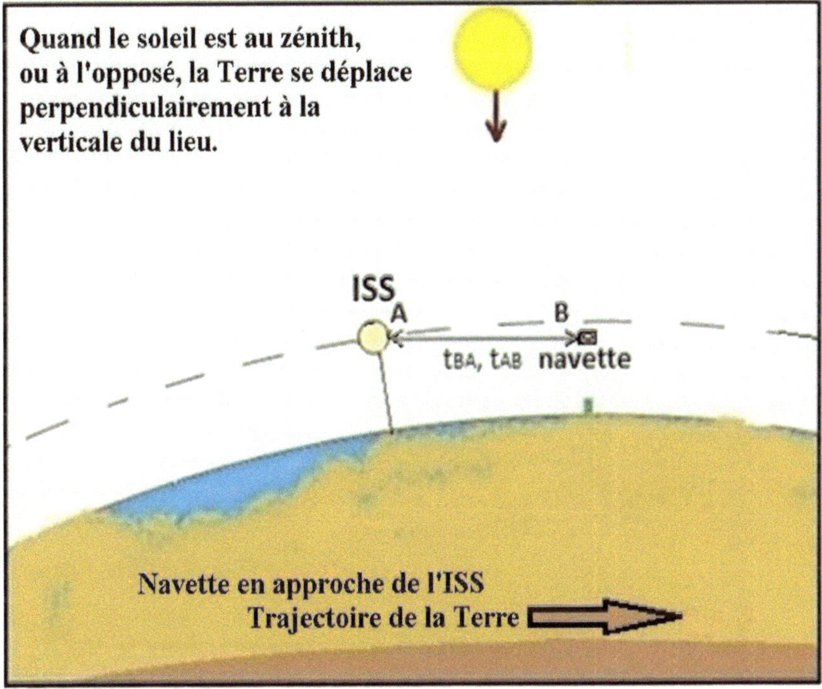

Figure 11. Communication entre l'ISS et la navette en approche

Nous laisserons aux experts le soin de choisir une meilleur solution possible.

Épilogue

Albert Einstein a été le premier à comprendre que l'éther ne peut pas être stationnaire. Il doit évoluer avec tous les référentiels de la même manière afin de respecter le principe de relativité étendu à l'électromagnétisme. Notre hypothèse résout la condition de mouvement établie par Albert Einstein. L'éther en accompagnant tous les corps en chute libre remplit la condition de la constante de la vitesse de la lumière, la même dans tous ces référentiels.

En fait, en posant son deuxième postulat en 1905, Einstein reconnaissait qu'il contredisait le principe de relativité appliqué aux phénomènes électrodynamiques. Il avait raison, il ne savait pas à ce moment qu'il pourrait étendre la relativité à la chute libre dans un champ gravitationnelle. Le principe devient caduc dans les référentiels non synchronisés avec le vent d'éther. Ce sont les référentiels que nous proposons pour nos expériences. Deux satellites de quelques kilos distants de 1000 km sont bien en chute libre autour de la Terre, mais la quantité d'éther qu'ils entrainent avec eux est très faible et se situe dans leur environnement et pas sur les 1000 km de distance qui les séparent.

Rappelons-nous l'hypothèse de Descartes sur l'éther en rotation entraînant les planètes avec lui. Einstein avait besoin d'un support pour la courbure de l'espace, l'éther constitue ce support et d'une certaine façon il entraine les planètes dans leur chute libre. Les corps qui ne sont pas en équilibre parce que résultant d'une explosion plus ou moins récente subissent l'effet Unruh qui progressivement les ralenti et les synchronise avec l'éther. A ce stade nous ne pouvons rien affirmer, les expériences seront notre juge. Ne pas les faire, ne pas tester l'hypothèse découlant de la pensée de Descartes et d'Einstein, bien franchement ce serait dommage.

Nous suggérons que l'expérience envisagée entre la Station Spatiale Internationale et la navette, qui devrait être réalisable sans coûts prohibitifs, soit organisée en premier lieu, sinon deux émetteurs récepteurs de type GPS avec un panneau solaire et une batterie satellisés dans le plan de l'écliptique à basse altitude suffiraient.

Annexe

À QUOI POURRAIT RESSEMBLER L'ÉTHER ?

Nous l'avons dit, il est prématuré d'essayer d'expliquer l'éther avant d'avoir vérifié qu'il existe. Avec le temps qui passe, nous avons fini par essayer de l'imaginer.

Le premier indice qui nous soit venu à l'esprit est le quantum d'action de Max Planck qui agit par quantité entières dans les phénomènes électromagnétiques et limite le nombre de leurs longueurs d'ondes à une valeur finie.

La mesure de l'énergie rayonnée par un corps noir chauffé donnait des résultats différents de la théorie qui prédisait une énergie tendant vers l'infini aux très hautes fréquences appelée à l'époque « la catastrophe ultra violette ». Les mesures montraient bien une augmentation d'allure exponentielle pour les fréquences intermédiaires, mais en approchant l'ultra violet la courbe s'inversait et chutait vers zéro aux très hautes fréquences.

Max Planck a expliqué la distribution spectrale du rayonnement du corps noir en adoptant le point de vue selon lequel la matière chauffée peut se décrire comme un ensemble d'oscillateurs en vibration dont les échanges d'énergie sont "composés d'un nombre défini de parties égales. Ces parties sont incrémentées entre elles d'une quantité,

« quantum » en latin, quanta au pluriel, dont il à calculé la valeur qui est

$$h= 6,626\ 06957\ 10^{-34}\ \text{joule. seconde}$$

Ce quantum d'action, appelé depuis constante de Planck, mesure en quelque sorte le caractère granulaire d'un échange énergétique. Granulaire est peut-être le qualificatif qui conviendrait le mieux ? La fréquence ne peut prendre que des valeurs discrètes (finies) telles que : $e = h\nu$ où h désigne le quantum d'énergie et ν la fréquence de l'onde. Rapporté à la longueur d'onde, ce seuil est négligeable avec des longueurs importantes mais il prend de l'ampleur à partir du micromètre.

Le rayonnement visible se situe entre 380 et 780 nm, la courbe s'effondre en approchant le nanomètre. L'augmentation de température du corps noire repousse la limite de la puissance transmise pour les très hautes fréquences mais toujours avec une chute rapide lorsque les longueurs d'onde se rapprochent vers le zéro qui ne peut être atteint.

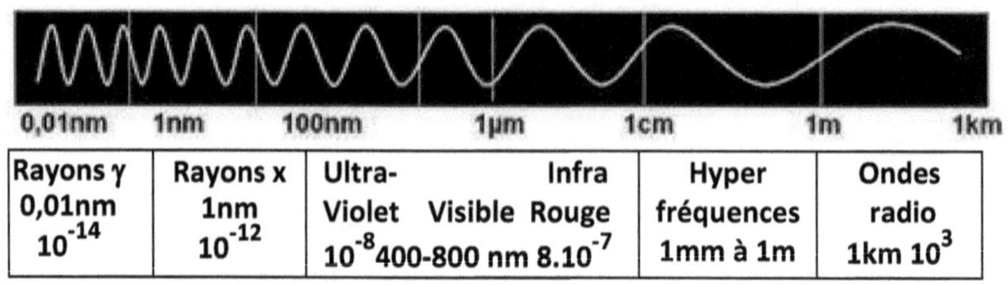

Rayons γ 0,01nm 10^{-14}	Rayons x 1nm 10^{-12}	Ultra-Violet Visible Rouge Infra 10^{-8} 400-800 nm 8.10^{-7}	Hyper fréquences 1mm à 1m	Ondes radio 1km 10^{3}

Spectre électromagnétique

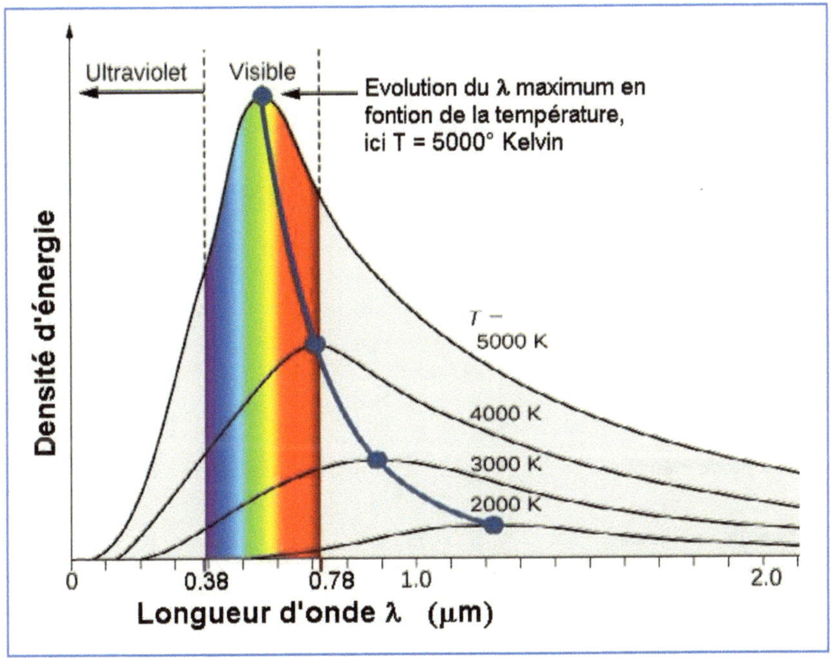

Figure 12 Rayonnement du corps noir[12]

Il est assez naturel de supposer que l'éther, s'il existe, soit constitué de corpuscules très petits par rapport aux atomes et électrons, un peu dans les mêmes proportions que les molécules d'eau par rapport au caillou qui va provoquer des ondes liquides, ou celles de l'air à proximité d'une corde vibrante.

Ces corpuscules serraient dotés d'une masse m_c et vibreraient à la vitesse de la lumière c avec une énergie cinétique $e_c = \frac{1}{2}\, m_c c^2$ et une quantité de mouvement de $p = m_c\, c$ C'est cette quantité d'énergie qui serait transmise de proche en proche, sous forme de quantum d'action pendant que les corpuscules resteraient stationnaires autour de leur position d'équilibre sans déplacement de leur masse.

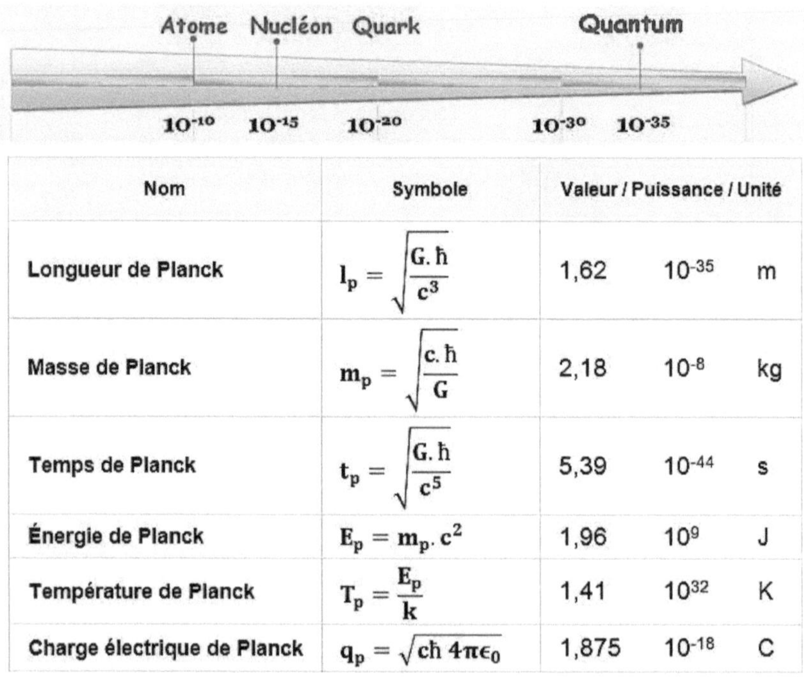

Nom	Symbole	Valeur / Puissance / Unité		
Longueur de Planck	$l_p = \sqrt{\dfrac{G.\hbar}{c^3}}$	1,62	10^{-35}	m
Masse de Planck	$m_p = \sqrt{\dfrac{c.\hbar}{G}}$	2,18	10^{-8}	kg
Temps de Planck	$t_p = \sqrt{\dfrac{G.\hbar}{c^5}}$	5,39	10^{-44}	s
Énergie de Planck	$E_p = m_p.c^2$	1,96	10^{9}	J
Température de Planck	$T_p = \dfrac{E_p}{k}$	1,41	10^{32}	K
Charge électrique de Planck	$q_p = \sqrt{ch\,4\pi\epsilon_0}$	1,875	10^{-18}	C

Figure 13 Les dimensions de Planck[13]

L'effet photoélectrique désigne l'émission d'électrons par un matériau semi conducteur soumis à l'action de la lumière. L'effet photoélectrique se manifeste lorsque toute l'énergie d'un photon incident se transmet à l'électron. Une quantité d'énergie minimale est nécessaire pour extraire l'électron de l'atome, l'énergie excédentaire est transmise à l'électron sous forme d'énergie cinétique.

Les observations montrent qu'augmenter la luminosité n'augmente pas la vitesse d'éjection des électrons, en revanche augmenter la fréquence du rayonnement le fait. L'énergie des électrons émis ne dépend pas de l'intensité de l'onde lumineuse mais de sa fréquence. Leur nombre croît linéairement avec l'intensité.

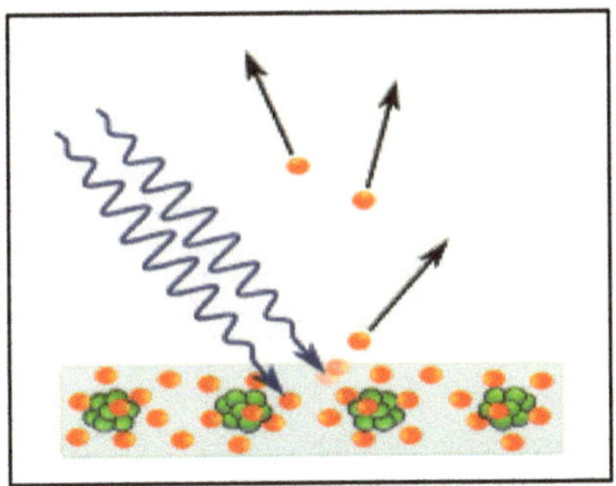

Schéma montrant l'émission d'électrons depuis une plaque métallique. L'émission des électrons (particules rouges) requiert une quantité minimale d'énergie, laquelle est apportée par un photon (ondulations bleues).

Figure 14 effets photoélectriques [14]

Albert Einstein a alors regroupé les ondes dans une particule virtuelle sans masse dont il a fixé l'énergie égale au quantum multiplié par la fréquence, $\mathbf{E} = \mathit{h}\mathbf{v}$. Cette façon de procédé à fixé l'énergie de chaque particule, depuis appelée photon et plus récemment « paquet d'onde ». Le fait d'augmenter l'intensité lumineuse augmente le nombre de particules mais pas leur énergie, la vitesse d'éjection des électrons est inchangée. En revanche, si on augmente la fréquence d'oscillation de la source émettrice l'énergic de chaque particule s'en trouve augmentée et se retrouve ans l'énergie cinétique acquise par les électrons animées d'une plus grande vitesse d'éjection.

Le choix d'Einstein conduit à l'équation suivante :

$$\mathbf{E} = \mathbf{Ws} + \mathbf{1/2mv^2} = \mathit{h}\mathbf{v}$$

Dans laquelle l'énergie de liaison de l'électron à l'atome est Ws. Et l'énergie cinétique de l'électron de masse m éjecté à la vitesse v est ½ mv² ce qui donne l'énergie totale nécessaire pour éjecter l'électron. L'énergie hv représente l'énergie du photon.

Cela conduit a imaginer ces paquets d'ondes mettent en mouvement un nombre de corpuscules identique à a fréquence du paquet. Ce nombre de corpuscules mis en action pour animer un photon identique à la fréquence ne résulte probablement pas du hasard. Il y a certainement une réflexion à mener de nature à clarifier la mécanique quantique qui en résulte.

Notre hypothèse sauve l'aspect ondulatoire de la lumière et sauve sa représentation en corpuscules faite par Newton, mais ne propose rien pour l'explication de leur regroupement en photons.

Les ondes sonores que nous connaissons résultent de la mise en vibration des molécules du matériau, en général l'air par pincement d'une corde vibrante ou du choc d'une baquette sur un tambour ou de la vibration d'une anche. Ces vibrations se propagent dans le matériau et font vibrer notre tympan. La différence importante est que les longueurs d'ondes mises en jeu sont très supérieures à la taille des molécules qui les transportent. L'aspect corpusculaire n'est jamais mis en évidence. Il faudrait réaliser des expériences très spécifiques avec des mesures d'une précision plus fine que l'énergie d'une molécule d'air en mouvement, pour mettre en évidence les phénomènes de discontinuité du support des ondes sonores.

N'oublions pas que cette annexe est une sorte de brainstorming, même pas une hypothèse. Ce genre de questions ne se posera que si des expériences confirment l'existence d'un médium support des ondes électromagnétiques suivant les géodésiques de l'espace temps. Si c'est le cas ce sera une grande étape. Expliquer la mécanique quantique à partir de celle-ci sera l'enjeu suivant et nécessitera des efforts sans doute importants sans oublier la possibilité de nouvelles surprises.

Un dernier mot, il ne faut pas avoir honte de se tromper en physique, nous avons des exemples impressionnants, dus à des génies comme Aristote qui démontra l'immobilité de la Terre, démonstration qui lui survécu pendant 1800 ans. Nous avons aussi Albert Einstein qui attribua une constante cosmologique à son équation pour rendre l'univers stable et éternel et qu'il qualifiera « La plus grande bêtise de ma vie » La théorie de la relativité conduit à un Univers instable, où la force de gravité conduit les astres à s'attirer les uns les autres et l'Univers à s'effondrer sur lui-même. Il introduit une "constance cosmologique λ (lambda), (fondée sur une supposée "énergie du vide" ?) qui a pour but de stabiliser l'Univers.

Mais, en 1929, coup de tonnerre, Edwin Hubble découvre que les galaxics qui nous entourent s'écartent les unes des autres, l'Univers est en expansion, idée qui aboutira avec Georges Lemaître[15] à celle d'un Big Bang il y aurait 13,4 milliards d'années. Stupéfait, mais ne pouvant pas mettre en doute les observations de Hubble, Albert Einstein s'incline. Et voilà que sa constante cosmologique décrirait la force qui accélérerait l'expansion de l'Univers, sous la forme d'une gravité répulsive. Finalement ce qu'Albert Einstein a appelé « la plus grande bêtise de sa vie » a perfectionné son équation.

Il ne faut jamais désespérer.

LA GRAVITATION QUANTIQUE À BOUCLES

Nous avons découvert récemment que la gravitation à boucles utilise des particules « quantifiées » dont la taille tout au moins correspond à l'idée que nous nous faisons des particules constituant le médium des ondes électromagnétiques et gravitationnelles et nous ajouterons du contenu de l'espace qui est censé se courber.

> *L'un des résultats fondamentaux de cette théorie est que l'espace-temps présente une structure discrète (par opposition au continuum espace-temps de la relativité générale) : les aires et les volumes d'espace sont quantifiés ainsi que le temps.*
>
> *Jorge Pullin et Jurek Lewandowski comprennent que [...] la notion d'espace-temps doit être remplacée par une interaction de particules et de boucles de champ gravitationnel. L'espace-temps devient granulaire et probabilistes*
>
> *Des progrès importants ont été accomplis en 2005 par Carlo Rovelli et son équipe du Centre de physique théorique de Marseille, [...] la théorie prédit que deux masses s'attirent l'une vers l'autre de façon identique à la loi de Newton. Ces résultats indiquent également que, pour des énergies basses, la théorie possède des gravitons, ce qui fait de la gravité quantique à boucles une véritable théorie de la gravitation.*[16]

Nous ne développerons pas plus, nous notons simplement qu'il y a compatibilité avec l'éther et même avec le graviton mais rabaissé au simple rand de support en vibration.

Cette théorie sera peut-être capable d'expliquer pourquoi les vibration se propagent sous forme de paquets d'ondes constitués d'un nombre de corpuscules égal à la fréquence ? Il se pourait qu'il s'agisse d' un phénomène de résonnance.

Notes

1) **L'éther physique. Le nouvel éther d'Einstein**
   https://fr.wikipedia.org/wiki/%C3%89ther_(physique)#1920_:_Le_%C2%AB_nouvel_%C3%A9ther_%C2%BB_d'Einstein,_le_discours_de_Leyde   **p 10, 31**

2) **Permittivité du vide**
   https://fr.wikipedia.org/wiki/Permittivit%C3%A9_du_vide
   p. 13

3) **Thibault Damour « Poincaré et la théorie de la relativité »**
   https://www.ihes.fr/~vanhove/Slides/damour-IHES-novembre2012.pdf   **p. 17**

4) **Article fondateur de la relativité restreinte, publié en alle-mand en 1905 dans la revue Annalen der Physik, sous le titre : « Zur Elektrodynamik bewegter Körper ». Traduction en 2013 : «** *De l'électrodynamique des corps en mouvement* **». mis en ligne : Chicoutimi : J.-M. Tremblay**
   http://classiques.uqac.ca/classiques/einstein_albert/Electrodynamique/Electrodynamique.pdf   **p. 19**

5) **Einstein « l'idée la plus heureuse de ma vie »**
   https://theconversation.com/einstein-et-les-ondes-gravitationnelles-une-heureuse-idee-vraiment-54706#:~:text=C'est%20un%20beau%20jour,sentira%20pas%20son%20propre%20poids   **p. 29**

6) **Patrick Girard. Histoire de la Relativité Générale d'Einstein: Développement Conceptuel de la Théorie. Sciences de l'Homme et Société. University of Wisconsin-Madison USA, 1981. Chapitre 5 page 145.**
   https://hal.archives-ouvertes.fr/tel-02321688/document   **p. 30**

7) **Ondes gravitationnelles, détection Wikipedia**
   https://fr.wikipedia.org/wiki/Onde_gravitationnelle   **p. 31**

8)   **Albert Einstein, L'éther et la théorie de la relativité. La géométrie et l'expérience. Traduit de l'allemand par Maurice Solovine** https://www.persee.fr/doc/phlou_0035-3841_1954_num_52_34_7909_t1_0339_0000_1   **p. 34**

9)   **Thibault Damour : L'espace est un bloc de gelée** https://www.ihes.fr/~damour/Conferences/OG_TROUS_NOIRS_Luxembourg2016.pdf   **p. 35**

10) **Effet Casimir .** https://fr.wikipedia.org/wiki/Effet_Casimir   **p. 36**

11) **Effet Unruh** https://fr.wikipedia.org/wiki/Effet_Unruh   **p. 36**

12) **Rayonnement du corps noir** https://query.libretexts.org/Francais/Physique_universitaire_III_-_Optique_et_physique_moderne_(OpenStax)/06%3A_Photons_et_ondes_de_mati%C3%A8re/6.02%3A_Rayonnement_du_corps_noir   **p. 53**

13) **Les dimensions de Planck** http://villemin.gerard.free.fr/Scienmod/Planck.htm   **p. 54**

14) **Effet photoélectrique** https://fr.wikipedia.org/wiki/Effet_photo%C3%A9lectrique **p. 55**

15) **Georges Lemaître[15] (chanoine catholique, astronome et physicien belge, professeur à l'université catholique de Louvain)** https://fr.wikipedia.org/wiki/Georges_Lema%C3%AEtre   **p.57**

16) **Gravitation à boucles** https://fr.wikipedia.org/wiki/Gravitation_quantique_%C3%A0_boucles   **p58**

Table des matières